RECHERCHES

SUR LA

PRÉPARATION QUE LES ROMAINS DONNAIENT

A LA CHAUX

DONT ILS SE SERVAIENT POUR LEURS CONSTRUCTIONS

ET SUR

La composition et l'emploi de leurs Mortiers

PAR

M. DE LA FAYE

NOUVELLE ÉDITION

PARIS
A. LELEUX, LIBRAIRE
ÉDITEUR DE LA REVUE ARCHÉOLOGIQUE,
Rue des Poitevins, 11.

1852

AVERTISSEMENT.

Je présente au public les découvertes que j'ai faites sur la manière de bâtir des anciens : les différents procédés que j'indique, sont justifiés par les textes des auteurs, et je me suis assuré de leur succès par des épreuves multipliées. Ce que j'avance sur les constructions factices est puisé dans la même source. Un passage de Pline fera connaître que les colonnes qui ornaient le péristyle du labyrinthe d'Égypte, étaient factices, et que ce vaste édifice existait depuis trois mille six cents ans. Si l'on peut compter sur le rapport des historiens qui ont parlé de l'Égypte, on serait autorisé à croire que les pierres énormes qu'on remarquait dans la construction de ce labyrinthe, étaient également factices. Hérodote nous a conservé une inscription qui fait voir que les Egyptiens préféraient, entre toutes les pyramides, celles d'Asichis, roi d'Egypte, parce qu'elle avait été construite avec des briques composées du limon qui s'attachait aux perches qu'on enfonçait dans le lac Mœris. On ne peut, je crois, justifier le motif de cette préférence, qu'en attribuant à un procédé plus prompt et plus aisé la construction des autres pyramides, telles que serait un amoncellement de pierres factices, et qui auraient été formées par encaissement les unes sur les autres, de même que, de tout temps, on a élevé dans l'empire de Maroc les murailles les plus fortes et les plus solides, et dont plusieurs de nos voyageurs ont comparé la matière au mortier des anciens. Au surplus, les éclaircissements que je donne sur la manière dont a été construite la petite pyramide de Ninus, qui n'est formée que d'un même bloc, feront connaître que les Egyptiens composaient des pierres d'un volume considérable, et la vérification qu'on en peut faire actuellement en Egypte, pourra enfin réduire à des procédés aussi simples que faciles, tout le merveilleux des constructions égyptiennes.

RECHERCHES

SUR LA

PRÉPARATION QUE LES ROMAINS DONNAIENT

A LA CHAUX

DONT ILS SE SERVAIENT POUR LEURS CONSTRUCTIONS

ET SUR

La composition et l'emploi de leurs Mortiers.

Si les anciens monuments qu'offre l'Italie, ne devaient leur conservation qu'à la chaleur du climat et à la qualité particulière des sables et des pierres que le sol y produit, il ne resterait aucun vestige des constructions qui ont été faites par les Romains au nord de la France et en Angleterre, avec les seules matières que le pays leur procurait. Il semble donc que la durée et la solidité des anciens monuments sont moins dues à la qualité des matières, qu'à la façon de les employer (1). Cette réflexion m'a engagé à faire des recherches sur les constructions des Romains. J'ai recueilli tout ce que les auteurs anciens ont écrit sur ce sujet, et après avoir comparé leurs textes, j'ai reconnu qu'ils s'accordaient parfaitement sur une manière de préparer la chaux, qui est ignorée de nos jours, et qui diffère absolument de la nôtre. J'ai fait éteindre de la chaux suivant ce procédé, je l'ai mêlée avec nos sables, comme ont fait les Romains, en observant, dans les divers mélanges, les proportions

(1) Le temps seul ne donne pas au mortier la plus grande dureté. Les auteurs qui parlent de la construction des chemins militaires que les Romains ont fait en France, et dont le *Summum dorsum* était composé de cailloutagesmêlés dans un mortier de chaux et de sable, font connaître qu'il ne fallait pas des siècles pour durcir le mortier, puisque ces chemins étaient praticables d'une année à l'autre. L'histoire nous dit que, sur un pareil chemin nouvellement fait, et qui, en partant de Lyon se terminait au confluent du Rhin et de la Meuse, Tibère, à l'aide de trois chariots de relais, fit en vingt-quatre heures deux cents milles italiques.

indiquées par les auteurs. Les mortiers que ces essais m'ont procurés, ont acquis une si grande dureté, que j'ai cru pouvoir les employer aux différents travaux de construction et d'embellissement auxquels ils étaient propres. D'après le succès qu'ont eu mes épreuves, j'ose me flatter qu'en s'y conformant, on parviendra à donner à nos constructions la même solidité que nous remarquons dans celles des Romains; mais, pour mettre le public en état d'en juger, je vais extraire des auteurs anciens les différents passages qui m'ont conduit à cette découverte; et sans m'attacher à l'ordre chronologique, je commencerai par les réflexions de saint Augustin sur les effets de la chaux, non-seulement parce qu'elles établissent deux façons différentes de la préparer, mais encore parce qu'elles servent à développer le sens des auteurs qui ont écrit avant lui sur la manière de bâtir des Grecs et des Romains.

Saint Augustin, dans le quatrième chapitre du XXIe *Livre de la Cité de Dieu*, parlant de la chaux et de ses effets, s'exprime en ces termes (1) : « Nous disons que la chaux est vive, « comme si le feu qu'elle contient était l'âme « invisible d'un corps visible : mais ce qu'il y « a d'étonnant, c'est qu'elle s'échauffe lorsqu'on « l'éteint ; car pour lui ôter ce feu caché, on la « fait infuser dans l'eau, ou bien on l'y trempe, « et de froide qu'elle était auparavant, elle de- « vient chaude, tandis que tous les corps en- « flammés sont refroidis par le même procédé; « et lorsque cette chaux se décompose, son feu « caché se manifeste en la quittant ; et ensuite, « comme un corps privé de la vie, elle devient « si froide, qu'en y ajoutant de l'eau, elle ne

(1) Propter quod eam calcem vivam loquimur, velut ipse ignis latens anima sit invisibilis visibilis corporis. Jam vero quam mirum est quod cùm extinguitur, tunc accinditur ! ut enim occulto igne careat, aquâ infunditur, aquâ-ve perfunditur ; et cùm ante sit frigida, inde fervescit, unde ferventia cuncta frigescunt. Velut expirante ergo illâ glebâ, discedens ignis qui latebat apparet, ac deinde tanquam morte sic frigida est, ut adjectâ undâ non sit arsura, et quam calcem vocabamus vivam, vocemus extinctam. Quid est quod huic miraculo addi posse videatur ? et tamen additur ; nam si non adhibeas aquam, sed oleum, quod magis est fomes ignis, nullâ ejus perfusione vel infusione fervescit.

« peut plus s'échauffer ; alors, au lieu de la « nommer *vive*, nous l'appelons *éteinte*. Il sem- « blerait qu'on ne pourrait rien ajouter à ces « effets merveilleux, et cependant on y ajoute « encore ; car si au lieu d'eau vous prenez de « l'huile, qui est le principal aliment du feu, « vainement la chaux y sera trempée ou infusée, « elle ne s'échauffera pas. »

Saint Augustin nous parle ici de deux procédés absolument différents (1), et qui doivent également priver la chaux du feu qui est concentré dans ses pores, lorsqu'elle est tirée du fourneau ; l'un consiste à la faire infuser dans l'eau, l'autre à la tremper seulement ; et il re-

---

(1) Par ces mots *perfundere calcem, perfusio calcis*, saint Augustin indique ici le même procédé que Vitruve explique par *intinctus lapis calcis in aquâ;* et Pline se sert du mot *perfusio*, pour désigner l'action de tremper : *perfundere dicitur sacerdos eum quem tingendo, non mergendo, baptisat.* Summula Raimundi, Ord. Prædicat.

En rendant *aquâ infundere, aquâ-ve perfundere*, par *fundere in aquâ, fundere per aquam*, il en résultera également une dilatation complète des pores de la chaux, parce qu'en l'infusant dans l'eau, on la rendra très-liquide ; et en la trempant seulement, on la réduira en poudre impalpable.

marque qu'on l'appelle *éteinte*, lorsque, par l'effet de ces deux opérations différentes, elle a perdu le feu qu'elle contenait.

Consultons Vitruve et Pline, et voyons si les eclaircissements qu'ils nous donnent sur les constructions des Romains, peuvent justifier les deux manières d'éteindre la chaux indiquées dans le passage de saint Augustin.

CHAUX POUR LES CONSTRUCTIONS,

SUIVANT VITRUVE.

Cet auteur annonce dans le dernier chapitre du Ier Livre, qu'il traitera dans le Livre suivant, des différentes matières qu'il faut apprêter pour bâtir, et de leur nature et propriété (1) : *In secundo volumine visum est mihi primum de materiæ copiis quæ in ædificiis sunt*

---

(1) Le détail dans lequel j'entre ici, fera connaître que c'est dans le second Livre de Vitruve que nous devons trouver la manière de préparer la chaux pour bâtir, et que cet auteur n'a point entendu nous indiquer ici la chaux fusée dont il n'explique le procédé que dans le septième Livre, ainsi que l'usage qu'on doit en faire.

parandæ, quibus sint virtutibus, et quem habeant usum, exponere ; et il annonce de même, dans la préface du second Livre, qu'il va parler de la nature et propriété des mêmes matières. En conséquence, il traite de la chaux pour les constructions, *quæ confirmat structuram*, dans le cinquième chapitre de ce même Livre, et il en indique la mesure suivant la qualité des sables qu'on doit employer. Il explique dans le sixième chapitre (1) l'emploi de la chaux avec la pozzolane et le tuf calciné, et il commence le septième chapitre par dire qu'il vient de traiter de la chaux et des sables, de leur différence et de leurs propriétés : *De calce et arena,*

(1) Vitruve nous explique, Liv. II, chap. VI, comment le tuf est brûlé par des feux souterrains ; et il ajoute : *Tophus exsugens est, et sine liquore nascitur in montibus Cumanorum.* Il le nomme aussi *cæmentum*, et Pline (Liv. XXXV, chap. XIII), *cæmentum Cumanum.* C'est ce tuf que les Romains employaient avec de la pozzolane et de la chaux, et que M. Hamilton, page 58 de ses *Lettres*, nomme le *Tufa.*

Le ciment fait avec des tuiles pulvérisées, n'a jamais été nommé par les Romains *cæmentum*, mais *signinum.* Voyez Pline, Liv. XXXV, chap. XII, et l'explication de Perrault sur le quatrième chapitre du deuxième Livre de Vitruve.

quibus varietatibus sint, et quas habeant virtutes, dixi.

Nous ne devons donc point chercher dans aucun autre Livre de Vitruve que dans le deuxième, des éclaircissements sur la manière de préparer la chaux pour les constructions. Aussi n'est-ce que dans les chapitres v et vi de ce même Livre qu'il explique ce procédé, puisqu'il déclare au commencement du septième chapitre, qu'il a tout dit sur la chaux, sur le sable et sur leurs propriétés : *De calce et arenâ... et quas habeant virtutes dixi.* Mais pour découvrir ce procédé, qui fait le sujet de ces deux chapitres, je vais en donner ici une traduction littérale.

DE LA CHAUX, ET QUELLE EST LA PIERRE QUI FAIT LA MEILLEURE (1).

(Vitruve, liv. II, chap. v.)

« Après avoir parlé des différents genres de

De calce, et unde coquatur optima.

(1) De arenæ copiis cum habeatur explicatum, tum etiam de calce diligentia est adhibenda, uti de albo saxo aut silice

« sable, il faut actuellement traiter de la chaux,
« qui se fait avec de la pierre blanche, ou avec

---

coquatur ; et quæ erit de spisso et duriore, erit utilior in structurâ ; quæ autem ex fistuloso, in tectoriis.

Cum ea erit extincta, tunc materiæ ita misceatur, ut si erit fossitia, tres arenæ et una calcis confundantur ; si autem fluviatica aut marina, duæ arenæ in unam calcis conjiciantur. Ita enim érit justa ratio mixtionis temperaturæ. Etiam in fluviatica aut marinâ si quis testam tusam et succretam ex tertiâ parte adjecerit, efficiet materiæ temperaturam ad usum meliorem.

Quare autem cum recipit aquam et arenam calx tunc confirmat sructuram, hæc esse causa videtur quod et principiis, uti cœtera corpora, ita et saxa sunt temperata ; et quæ plus habent aëris, sunt tenera ; quæ aquæ, lenta sunt ab humore ; quæ terræ, dura ; quæ ignis, fragiliora. Itaque ex his saxa si antequam coquantur, contusa minute, mixtaque arenæ conjiciantur in structuram, nec solidescunt, nec eam poterunt continere : cum vero conjecta in fornacem, ignis vehementi fervore correpta, amiserint pristinæ soliditatis virtutem, tunc exustis atque exaustis eorum viribus relinquuntur patentibus foraminibus et inanibus. Ergo liquor qui est in ejus lapidis corpore cum exhaustus et ereptus fuerit, hâbueritque in se residuum calorem latentem, intinctus in aquâ, priùs quàm exeat ignis, vim recepit, et humore penetrante in foraminum raritates confervescit, et ita refrigeratus rejicit ex calcis corpore fervorem. Ideo autem quo pondere saxa conjiciuntur in fornacem, cum eximuntur non possunt ad id respondere, sed cum expenduntur, eadem magnitudine permanente, excocto liquore, circiter tertiâ parte ponderis

« de la pierre dure, qu'on fait cuire au fourneau. « Celle qu'on fera avec de la pierre compacte « dure, sera meilleure pour la construction ; « et celle qu'on fera avec de la pierre poreuse, « sera plus propre pour les enduits.

« Lorsque la chaux sera éteinte, il faudra la « mêler avec les matières qui doivent entrer « dans la composition du mortier : si vous avez « de bon sable de terre, vous en joindrez trois « mesures quelconque à une de chaux ; si c'est « du sable de rivière ou de mer, vous en mêle- « rez seulement deux mesures avec une de « chaux. Telle est la juste proportion qu'on « doit observer dans ces mélanges : mais il est « bon de remarquer que le mortier serait meil- « leur pour l'usage, si l'on mêlait un tiers de « tuiles ou de poteries pulvérisées avec deux « tiers de sable de mer ou de rivière.

« Si l'on demande pourquoi la chaux produit

---

imminuta esse inveniuntur. Igitur cum patent foramina eorum et raritates, arenæ mixtionem in se corripiunt et ita cohærescunt, siccescendoque cum cæmentis coeunt et efficiunt structurarum soliditatem.

« une construction solide lorsqu'elle reçoit l'eau « et le sable, il semble que la raison qu'on en « peut donner, est que chaque espèce de pierre « est, comme les autres corps, composée de « principes différents, et que celles qui contien- « nent plus d'air sont friables, celles qui ont « plus d'eau sont molles, celles qui ont plus de « parties terreuses sont dures, et celles qui « contiennent plus de feu sont fragiles. *Or si « l'on pulvérise quelques-unes de ces pierres avant « de les faire cuire,* et qu'on en mêle la poudre « avec du sable pour l'employer dans les cons- « tructions, cette poudre de pierre ne prendra « aucune consistance, et ne pourra lier la ma- « çonnerie ; mais au contraire, quand ces mê- « mes pierres ayant été mises dans le fourneau, « auront été pénétrées par la chaleur d'un feu « violent, et auront perdu le principe de leur « solidité naturelle, elles seront privées de leurs « forces, et ne formeront plus qu'un corps dont « les pores seront ouverts et sans résistance. « En sorte que quand la pierre de chaux ne « renfermera plus qu'un feu caché à la place

« de l'eau et de l'air qu'elle contenait aupara-
« vant, *étant trempée dans l'eau avant que ce feu*
« *interne s'évapore*, elle acquiert de la force,
« et l'humidité venant à pénétrer ses pores,
« elle s'échauffe, et rejette ensuite, en se refroi-
« dissant, le feu qu'elle contenait. De là vient
« que le poids des pierres qu'on met au four-
« neau, n'est pas le même que celui qu'elles ont
« lorsqu'on les en retire ; on les trouve alors
« diminuées du tiers de leur poids par l'évapo-
« ration de la partie aqueuse, quoiqu'elles
« aient conservé le même volume. Ainsi, *lors-*
« *que leurs pores et leurs interstices se dilatent*,
« *elles s'entre-mêlent avec le sable*, se lient en-
« semble, et en se séchant font corps avec les
« pierres, ce qui opère la solidité des construc-
« tions. »

Vitruve, dans le sixième chapitre, parlant du mélange de la pozzolane, du tuf calciné et de la chaux, dit (1) : « Lorsque ces trois choses (la

(1) Cum tres res (pulvis puteolanus, calx et tophus) consimili ratione ignis vehementiâ formatæ in unam pervenerint

« pozzolane, le tuf et la chaux), également « formées par la violence du feu, sont parfaite- « ment mêlées ensemble, aussitôt en recevant « de l'eau elles se resserrent entr'elles, s'endur- « cissent promptement, et forment un corps « solide que ni les flots ni la force de l'eau ne « peuvent dissoudre. »

Examinons actuellement quelle est la manière de préparer la chaux que Vitruve nous dit affirmativement avoir expliquée dans ces deux chapitres.

Dans le cinquième chapitre, il indique les proportions de la chaux avec les différents sables propres à la construction (1). Il propose ensuite de réduire en poudre des pierres calcaires qui ne sont point cuites, et dit qu'en mê-

---

mixtionem, repente recepto liquore unà cohærescunt et celeriter humore duratæ solidantur, neque eas fluctus, neque vis aquæ potest dissolvere.

(1) Les personnes qui liront avec attention les deux chapitres que je viens de rapporter, pourront juger si quelqu'un qui ignorerait le procédé de la chaux fusée, le pourrait trouver dans ces deux chapitres, ou s'il y trouverait plutôt la manière de l'éteindre que je vais expliquer.

iant ensemble cette poudre et du sable, ces matières ne feront point corps ensemble, et ne pourront lier la maçonnerie; mais que si, après avoir fait cuire ces pierres au fourneau on les trempe dans l'eau, elles s'échauffent et ouvrent leurs pores, ce qui facilite le mélange du sable et fait une construction solide.

L'effet qu'éprouve la pierre de chaux, trempée dans l'eau, est d'ouvrir ses pores en tombant en poudre. C'est donc cette même poudre, produite par la dilatation des pores et des interstices de la chaux, que Vitruve met ici en opposition avec celle qui proviendrait des pierres qui n'auraient point été cuites. C'est de cette même chaux qu'il entend parler lorsqu'il dit: *Cum calx recipit aquam et arenam, tunc confirmat structuram.* En effet, si l'on mêle deux portions de sable fraîchement tiré de l'eau avec une portion de cette chaux en poudre, on fera un mortier très-gras et très-adhérent, parce que le sable contiendra un volume d'eau suffisant, ainsi que je puis le certifier d'après mes épreuves; et alors cette chaux sèche et en poudre recevant en même temps l'eau et le sable, on pourra dire comme Vitruve : *Cum calx recipit aquam et arenam, tunc confirmat structuram;* ou bien, *cum patent foramina calcis et raritates, arenæ mixtionem in se corripiunt et efficiunt structurarum soliditatem.*

Il n'en est pas de même de la pozzolane et du tuf calciné, qui, étant des matières brûlées par des feux souterrains, exigent nécessairement une préparation différente ; c'est pourquoi Vitruve, chap. VI, dit : Lorsque la pozzolane, le tuf et la chaux, qui sont trois choses également formées par la violence du feu, sont confondues par le mélange le plus parfait, *in unam mixtionem;* alors, en y mettant de l'eau, ces matières se lient ensemble, et font un corps de la plus grande solidité. On voit ici bien clairement qu'on ne joint l'eau à ces matières qu'après le plus parfait mélange, et que conséquemment cette opération, de même que la précédente, ne désigne qu'une chaux sèche, et qui ne peut avoir été réduite en poudre que par le procédé que Vitruve indique par ces mots, *lapis calcis in-*

tinctus in aqua, et que saint Augustin rend par ceux-ci : *perfundere calcem, perfusio calcis*. Remarquons encore que Vitruve ne parle ici ni de bassin ni d'instrument pour broyer la chaux, et que ce n'est qu'après que ces pores sont dilatés et qu'elle a perdu son feu (*cum ea erit extincta*) quand elle a été trempée dans l'eau, qu'il en indique la proportion avec les différentes matières qu'on doit employer (1) : ce qui nous prouve que tout mortier que l'on fera avec de la chaux vive, sera toujours un mortier différent de celui des Romains. C'est encore cette même chaux trempée et réduite en poudre, que Stace (*Silvarum*, *lib.* IV) nomme poudre cuite, *pulvis coctus* (2), lorsqu'en faisant la

---

(1) Si les Romains eussent employé la chaux vive dans leurs mortiers, Vitruve et Pline ne nous auraient pas laissé ignorer la manière de la pulvériser sans en être incommodé.

(2) Voyez au mot *Pulvis* dans les dictionnaires, où *pulvis coctus* est rendu par de la chaux. Voyez de même le vingt-septième chapitre du second Livre de Bergier, où cet auteur, parlant de la voie de Domitien, rend le *pulvis coctus* de Stace par de la chaux.

description des travaux de la voie de Domitien, il dit :

Illi saxa ligant opusque texunt
Cocto pulvere sordidoque topho.

C'est enfin avec la même chaux en poudre que les Romains composaient la maltha (1), qui

(1) Si nous avons perdu le secret de la *maltha*, qui formait un mortier plus dur que la pierre, et qu'on faisait avec de la chaux vive qu'on venait d'éteindre, c'est qu'en broyant ensemble de la chaux fusée avec du saindoux (environ 70 grammes par décalitre de chaux) et des figues, ces matières aqueuses et grasses n'auraient jamais pu se lier ni s'attacher aux corps qu'il faut enduire d'huile avant de les employer. Mais si au contraire on trempe de la chaux nouvelle dans du vin, et qu'on mêle aussitôt la poudre qui en proviendra avec ces matières grasses, en passant le tout dans un gros linge, alors on fera certainement de la maltha, et on s'en servira de même que Pline, lib. XXXVI, cap. XXIV, l'indique en ces termes : *Maltha e calce fit recenti, Gleba vino restinguitur; mox tunditur cum adipe suillo et ficu, duplici linamento : quæ res omnium tenacissima, et duritiam lapidis antecedens. Quod malthatur, oleo perfricatur ante* Il parait que le saindoux était cuit avec les figues, afin qu'étant fluide il put passer à travers le linge. On faisait encore de la maltha avec de la poix fondue et la même chaux éteinte et réduite en poudre après avoir été trempée dans le vin. On s'en servait pour enduire l'intérieur des aqueducs et des souterrains.

On pourrait croire qu'on éteignait souvent de la chaux dans

devenait plus dure que la pierre. Tel est l'état de chaux pour les constructions, que Vitruve a entendu expliquer sans réserve dans les chapitres v et vi de son deuxième Livre, puisqu'il commence le chapitre suivant par faire observer qu'il a tout dit sur la chaux et le sable, et sur leurs propriétés : *De calce et arena.... et quas habeant virtutes dixi.* Nous allons actuellement voir quelle était la manière de fuser la chaux, et l'usage qu'on en faisait.

---

le vin, lorsqu'on lit dans Ammien-Marcellin (liv. XXVII), que la maison de campagne de Symmaque, préfet de Rome, fut incendiée sous le faux bruit qui s'était répandu qu'il voulait éteindre de la chaux avec son vin plutôt que de le céder au prix qu'on lui en offrait.

Les Siamois, qui ont toujours fait de la maltha avec de la résine et de la chaux, en construisent des tombeaux et en font des statues qu'ils enduisent d'un vernis et qu'ils dorent ensuite. C'est enfin cette même chaux que l'on broyait dans l'huile, comme le témoigne Vitruve, lib. VII, cap. I, quand il dit : *Impleantur calce ex oleo subacta.* C'était une pâte préparée pour remplir les joints des grandes tuiles employées dans la construction des terrasses des maisons.

DE LA CHAUX FUSÉE.

Vitruve, après avoir traité dans ses premiers Livres, de tout ce qui concerne l'Architecture et les édifices publics et particuliers, annonce dans la préface de son septième Livre, qu'il y expliquera la manière de polir les enduits, et les moyens d'en assurer la durée et la solidité : *In hoc, qui septimum tenet numerum, de expolitionibus, quibus rationibus et vetustatem et firmitatem habere possint, exponam.* Dans le premier chapitre, il explique comment il faut construire les planchers et les terrasses, il indique les mesures de chaux, suivant la nature des matières qu'on doit employer, et il donne les moyens de préserver les bois du tort que la chaux leur peut faire. On verra par le titre du chapitre qui suit, que cette chaux est encore celle que l'on employait pour les constructions.

Dans le second chapitre, Vitruve traite de la chaux fusée.

DE LA MACÉRATION DE LA CHAUX POUR LES OUVRAGES EN CHAUX PURE, ET POUR LA PERFECTION DES ENDUITS (1).

(Vitruve, liv. VII, chap. II.)

« Après avoir indiqué les différentes couches « de maçonnerie dont les planchers et les ter-

---

De maceratione Calcis ad albaria opera et tectoria perficienda.

(1) Cum a pavimentorum cura discessum fuerit, tunc de albariis operibus est explicandum. Id autem erit rectè, si glebæ calcis optimæ ante multo tempore quàm opus fuerit macerabuntur : uti si qua gleba parum fuerit in fornace cocta, in maceratione diuturnâ liquore defervere coacta, uno tenore concoquatur. Namque cum non penitus macerata, sed recèns sumitur; cum fuerit inducta habens latentes crudos calculos, pustulas emittit : qui calculi in opere uno tenore cum permacerantur, dissolvunt et dissipant tectorii politiones; cum autem habita erit ratio macerationis, et id curiosiùs opere præparatum erit, sumatur ascia; et quemadmodum materia dolatur, sic calx in lacu macerata ascietur. Si ad asciam offenderint calculi, non erit temperata; cumque siccum et purum ferrum educetur, indicabit eam evanidamet siticulosam : cum vero pinguis fuerit et rectè macerata, circa id ferramentum uti glutinum hærens, omni ratione probabit se esse temperatam. Tunc autem machinis comparatis, camerarum disposi-

« rasses doivent être composés, il faut actuel-
« lement parler des ouvrages à faire en chaux
« pure. On fera très-bien de macérer dans
« l'eau, longtemps avant de s'en servir, la
« chaux faite avec des pierres blanches et po-
« reuses, afin que, s'il se trouvait quelque
« pierre qui n'eût point acquis au fourneau le
« degré de cuisson nécessaire, et qui ne pût
« perdre son feu que par la longueur du temps,

---

tiones in conclavibus expediantur, nisi lacunaribus ea fuerint ornata.

J'ai rendu *pavimentum* par maçonnerie, parce que c'était un blocage que l'on faisait avec de petits moellons ou du cailloutage, et que l'on battait et massivait : c'est pourquoi F. M. Crapaldus, lib. II, cap. I, *de partibus ædium*, dit : *Pavimenta enim sunt a* pavire, *quod ferire significat, quia fiebant ut fiunt e lapidibus et testulis bene percussis, addita calce*. Et Festus Pompeius dit : *Pavire enim ferire est.* Je rends *calx optima* par chaux de pierres blanches et poreuses, parce que Vitruve, lib. II, cap. V, dit que ces pierres sont les meilleures pour cet ouvrage.

Albarium opus. *Albarium dicitur quod illinitur tectorio cum paries pingendus non est, quod fit ex calce*, dit Calepin au mot *Albarium*. C'était donc un crépi de chaux sans mélange de matières, dont on couvrait les enduits qui ne devaient point être peints, et qu'ensuite on polissait comme on fait encore aux Indes.

« à la fin elle se trouvât divisée aussi parfaite-
« ment que les autres. Car lorsqu'on emploie
« de la chaux nouvelle qui n'a pas éprouvé une
« macération entière dans l'eau, il s'y trouve
« des petites pierres moins cuites qui forment
« sur l'enduit des grains apparents, et qui en-
« suite venant à se dissoudre gâtent et détrui-
« sent le poli de l'ouvrage. Lorsqu'au contraire
« vous aurez donné à la chaux tout le temps qu'il
« lui faut pour être macérée, et que vous aurez
« fait ce qu'il convient pour la bien préparer,
« vous prendrez une doloire et vous hacherez
« cette chaux dans le bassin, comme on hache
« le bois qu'on veut aplanir. Si la doloire ren-
« contre des petites pierres, c'est une preuve
« que la chaux n'est pas bien divisée ; et s'il ne
« s'y attache rien, c'est une marque qu'elle a
« besoin d'être abreuvée : lorsqu'au contraire
« la chaux sera grasse et parfaitement macérée,
« alors s'attachant à votre doloire comme de la
« glu, il y a tout lieu de croire qu'elle est suf-
« fisamment divisée et détrempée. Ainsi, après
« avoir préparé tous les instruments néces-

« saires, vous enduirez promptement les voûtes « des appartements, qui ne seront point ornés « de sculptures. »

Tout ce que dit Vitruve dans ce chapitre, n'a pour objet que de faire connaître une chaux qui, étant fusée depuis longtemps, exige une préparation particulière pour donner la perfection aux enduits, et qui par conséquent doit être si bien macérée, qu'elle ne contienne plus de grains qui pourraient défigurer leur poli, *tectorii politiones*. Et comme Vitruve ne parle dans ce chapitre d'aucun mélange de sable ni de marbre pulvérisé, dont les enduits qu'on devait peindre étaient composés, il paraît que cette chaux, qui devait être grasse et collante comme de la glu, formait un mortier particulier qu'on étendait et qu'on polissait pour donner la perfection aux enduits faits seulement avec du sable, et qui ne devaient pas être peints, *ad albaria opera et tectoria perficienda.*

On a vu précédemment, que Vitruve, qui nomme la chaux de construction *calx extincta*, dit qu'elle s'échauffe après avoir été trempée dans l'eau, *humore penetrante in foraminum raritates confervescit.* Dans ce chapitre, au contraire, il nomme la chaux fusée *calx macerata*, et dit qu'elle doit perdre son feu dans l'eau, *in maceratione diuturna liquore defervere coacta.* Ces deux manières de s'exprimer désignent nécessairement deux procédés différents.

DE LA CHAUX FUSÉE,

(Suivant Pline).

Cet historien, parlant de cette chaux, dit que les anciennes lois (1) défendaient aux en-

---

(1) Suivant les anciennes lois, il y avait trois espèces d'entrepreneurs qui fournissaient la chaux, moyennant les terres et les prairies qu'on leur distribuait, *alii coquere, alii etiam excoquere, alii vehere.* Par *alii coquere*, on entendait les chaufourniers; par *alii concoquere vel excoquere*, ceux qui devaient faire dissoudre la chaux; et par *alii vehere*, ceux qui devaient la voiturer. Cicéron, Varron, Lucrèce et d'autres auteurs expriment par *concoquere* et par *excoquere* l'action de digérer et dissoudre parfaitement; et Vitruve lui-même, dans le chapitre que je viens de citer, où il dit que, par une longue macération dans l'eau, les pierres de chaux moins cuites finissent par se dissoudre aussi bien que les autres, s'exprime en ces termes: *uno tenore conco-*

trepreneurs de l'employer à moins qu'elle n'eût trois ans de fusion, et que c'est la raison pour laquelle leurs enduits n'ont point été défigurés par des gerçures et des crevasses.

ACCORD DE VITRUVE AVEC PLINE

SUR LA CHAUX FUSÉE.

Vitruve qui, dans son second chapitre, n'indique aucun mélange de sable ou de poudre de marbre avec cette chaux, exige pareillement qu'elle soit fusée depuis très-longtemps; et il ajoute (1) que le poli des enduits ne se

---

quantur. Vide leg. 3, cod. Th. *de calcis coctoribus; de quibus etiam* Symmach. lib. X, epist. LIII; et Thusci, D. lig. 3, *alii etiam excoquere, alii vehere, de quibus in leg.* 2, 3, etc.

Intrita quoque, quò vetustior, eò melior. In antiquarum ædium legibus invenitur ne recentiore trimâ uteretur redemtor, ideo nulla tectoria eorum rimæ fœdavere, lib. XXXVI, cap. XXIII.

(1) Id erit recte si glebæ calcis optimæ ante multo tempore quam opus fuerit macerabuntur.

Cum recens fumitur, cum fuerit inducta habens latentes crudos calculos, pustulas emittit, qui calculi in opere uno

détruit que parce qu'on emploie de la chaux qui, étant nouvellement fusée, contient des grains qui ensuite viennent à se dissoudre. Ce n'étaient donc point les enduits qui se détruisaient lorsqu'on y avait étendu une chaux mal divisée, *calcem inductam habentem latentes crudos calculos*, mais leur superficie (*corium*). Ainsi les expressions de Pline et de Vitruve nous prouvent également que cette chaux, dont les lois romaines ne permettaient l'usage qu'au bout de trois ans de fusion, et qui exigeait encore tant de soins avant d'être employée, n'entrait point dans la composition des mortiers de construction, où il aurait pu se trouver sans inconvénient des grains mal divisés, mais qu'elle était réservée pour blanchir les murailles et donner la perfection aux enduits, c'est-à-dire pour les ouvrages légers que les auteurs désignent par *albaria opera*. Enfin Vitruve et Pline nomment cette chaux *intrita* et *macerata*, chaux

---

tenore cum permacerantur, dissolvunt et dissipant tectorii politiones.

fusée et macérée dans l'eau, ce qui a le plus parfait rapport au second état de chaux que saint Augustin indique par *infundere calcem* et par *infusio calcis*.

Il n'est plus question que de prouver que cette chaux n'entrait point dans la composition des enduits faits avec du sable ou avec du marbre pulvérisé.

Vitruve, au troisième chapitre du même Livre, traite des enduits des appartements qui, pour être solides et sans gerçures, doivent être composés de trois couches de mortier de sable, indépendamment de la trullisation (1), et ensuite d'une couche de chaux de craie, ou bien de trois couches de mortier de marbre lorsque les enduits devaient être peints à fresque (*udo tectorio*); il se sert ici du mot *creta*, parce que la craie devait être la plus propre pour les ouvrages à faire en chaux pure, non-seulement à

(1) La trullisation était un mortier brut de chaux et de sable, que l'on appliquait sur les murailles, et que l'on hachait afin que les autres mortiers s'y attachassent mieux.

cause de sa blancheur, mais encore parce qu'elle est poreuse, *quæ ex fistuloso saxo, erit melior in tectoriis* (Vitruve, *lib.* II, *cap.* v). Il explique ensuite comment il faut employer successivement les grains et la fleur du marbre, et il dit (1) : « Lorque les murailles seront revêtues « de trois couches de mortier de sable et de trois « autres couches de mortier de marbre, elles « n'auront ni gerçures, ni aucunes autres défec- « tuosités. » Cette observation prouve que, pour la composition des enduits faits pour être peints, il n'entend point parler de l'emploi de la chaux anciennement fusée, mais d'une chaux qui, mêlée avec le sable et avec le marbre pulvérisé, devait nécessairement faire gercer et crevasser

(1) Ita cum tribus coriis arenæ et item marmoris solidati parietes fuerint, neque rimas neque aliud vitium in se recipere poterunt. Cum veró unum corium arenæ et unum minuti marmoris erit inductum, tenuitas ejus, minus valendo, faciliter rumpitur. Sic tectoria quæ ex tenui sunt ducta materiâ, non modò fiunt rimosa, sed etiam celeriter evanescunt.

Pline, lib. XXXVI, cap. xxiii, n'indique que trois couches de mortier de chaux et de sable, et deux couches de mortier de marbre : *Tectorium, nisi ter arenato et bis marmorato inductum est, non satis splendoris habet.*

les enduits, lorsqu'un entrepreneur ne les composait pas d'abord de trois couches de mortier de sable, et ensuite de trois autres couches de mortier de marbre, en étendant chaque couche à mesure que la précédente commençait à se sécher, et en observant, quant aux grains et à la fleur de marbre, les gradations qu'il indique. Il y a tout lieu de croire que Vitruve se serait épargné cette observation, si la chaux fusée eût entré dans la composition de ces mortiers, en nous répétant que l'ancienneté de sa préparation garantissait les enduits de toute défectuosité (1).

Cet auteur fait observer encore, dans ce même chapitre, que les couleurs qu'on étend sur les enduits de marbre nouvellement faits, ne peuvent être ruinées par le temps (2), parce

---

(1) Il est nécessaire de lire à ce sujet, dans la *Revue Archéologique,* 2e année, page 371, un excellent mémoire de M. Cartier, intitulé : De la peinture encaustique des anciens et de ses véritables procédés.

(2) Quod calx in fornacibus excocto liquore et facta raritatibus evanida, jejunitate coacta corripit in se quæ res fortè eam contigerunt.

que la chaux qui a perdu au fourneau son humidité naturelle est forcée, par son état de sécheresse et d'aridité, de pomper l'humidité des corps qui viennent à la toucher. Ces expressions désignent une chaux qui, quoiqu'employée dans la composition des enduits, est encore sèche et aride, ce qui ne peut certainement se rapporter qu'à la chaux trempée dans l'eau et réduite en poudre (1), qui conserve beaucoup de sécheresse et d'aridité, et non point à la chaux fusée depuis longtemps et qui doit avoir perdu tout son feu dans l'eau, comme Vitruve le remarque au chapitre précédent, lorsqu'il dit, *in maceratione diuturna liquore defervere coacta* Tout concourt donc ici à prouver que la chaux de construction servait encore à composer les enduits, et la chaux fusée à blanchir les murailles et à donner la dernière couche (*corium*) aux enduits de sable, lorsqu'ils ne devaient

(1) Vitruve nous fait connaître combien la chaux trempée et réduite en poudre, doit conserver de parties ignées, lorsqu'en parlant de la chaux fusée il dit, que ce n'est que par une longue macération dans l'eau qu'elle peut perdre son feu.

point être revêtus de mortier de marbre, *ad albaria opera et tectoria perficienda.*

DE LA CHAUX MOUILLÉE PAR ASPERSION.

Ce serait ici le lieu de parler d'une troisième manière de préparer la chaux pour bâtir, qu'on nomme *la chaux mouillée par aspersion.* Ce procédé est usité en Perse, suivant le rapport des voyageurs (1), et on s'en sert depuis longtemps à Metz. Vitruve n'en fait aucune mention, et Pline parlant de l'emploie de la chaux en médecine, dit seulement, *calx recens eligitur nec aspersa aquis.* Si ces auteurs n'en indiquent point l'usage, c'est sans doute parce qu'elle occasionne plus de dépense en consommant beaucoup moins de sable : en effet, si l'on éteignait à Metz, suivant le procédé de Vitruve, une mesure de chaux vive à laquelle on ne joint ordinairement que trois mesures de sable de rivière,

---

(1) Thévenot, en son *Voyage du Levant*, imprimé en 1674, page 161, explique comment les Persans emploient la chaux mouillée par aspersion.

elle en consommerait alors plus de quatre parce qu'elle doublerait au moins son volume.

RAISONS QUI DOIVENT FAIRE PRÉFÉRER LA CHAUX EN POUDRE A LA CHAUX FUSÉE, POUR LES CONSTRUCTIONS.

Avant d'expliquer les procédés en usage chez les Romains pour la préparation de la chaux qui devait servir dans les constructions, et la manière dont ils composaient et employaient leurs mortiers, je crois devoir faire connaître combien la chaux en poudre, indiquée par Vitruve, mérite la préférence sur la chaux fusée, pour la solidité des constructions.

CHAUX FUSÉE.

Nous broyons ordinairement la chaux dans un bassin en la submergeant d'eau, jusqu'à ce qu'elle soit sans chaleur et entièrement détrempée; cette matière liquide se convertit en une pâte au bout de vingt-quatre heures, et alors nous la mêlons avec du sable, sans observer aucune proportion, et nous ajoutons encore à ce mélange le volume d'eau qu'il peut exiger. Cette chaux noyée dans l'eau, et qu'on humecte encore lorsqu'on la mêle avec le sable, ne produit qu'un mortier qui se dessèche lentement et qui ne prend jamais une forte consistance, parce que cette chaux, trop abreuvée, a perdu l'aptitude qu'elle avait à s'attacher aux corps qui, comme elle, n'ont point été privés, par le feu, de leur humidité naturelle (1).

CHAUX EN POUDRE.

Après avoir parfaitement mêlé une mesure quelconque de chaux en poudre avec deux mesures de sable fraîchement tiré de l'eau, on forme un mortier gras et adhérent qui, au bout de vingt-quatre heures, aura pris une certaine consistance, et qui ne fera que se durcir avec le

(1) La chaux éteinte à l'air reprend l'humidité dont elle avait été privée par le feu : c'est apparemment la raison pour laquelle les anciens n'en faisaient aucun usage.

temps (1), parce que cette chaux n'ayant point été noyée comme la chaux fusée, conserve, quoiqu'employée, tant de sécheresse et d'aridité, qu'elle s'attache à tous les corps qui l'environnent, dont elle suce, pour ainsi dire, l'humidité. *Quia propter jejunitatem suam corripit in se quæ res fortè eam contigerunt.* (Vitr. lib. VII, cap. III).

DE LA MANIÈRE DE PRÉPARER LA CHAUX POUR LES CONSTRUCTIONS.

Vous vous procurerez de la chaux de pierres dures (2), et qui sera nouvellement cuite; vous

---

(1) Vitruve attribue la solidité que contractent ensemble la pozzolane, le tuf calciné et la chaux, à la promptitude avec laquelle ces matières desséchées s'échauffent également en pompant l'eau et se lient ensemble : *Igitur dissimilibus et disparibus rebus correptis, et in unam potestatem collatis, calida humoris jejunitas, aquâ repente satiata, communibus corporibus latenti calore confervescit, et vehementer efficit ea coïre celeriterque unà soliditatis percipere virtutem* (lib. II, cap. VI). Ce passage prouve encore que ce n'est qu'après le plus parfait mélange d'une chaux sèche avec les matières calcinées, qu'on doit y joindre de l'eau.

(2) Les pierres calcaires doivent perdre au fourneau environ le tiers de leur poids, dit Vitruve.

la ferez couvrir en route, afin que l'humidité de l'air ou la pluie ne puissent la pénétrer.

Vous ferez déposer cette chaux sur un plancher balayé, dans un endroit sec et couvert; vous aurez dans le même lieu des tonneaux secs, et un grand baquet rempli jusqu'aux trois quarts d'eau de rivière, ou d'une eau qui ne soit ni crue ni minérale (1).

Il suffira d'employer deux ouvriers pour l'opération.

L'un, avec une hachette, brisera les pierres de chaux jusqu'à ce qu'elles soient toutes réduites à peu près à la grosseur d'un œuf.

L'autre prendra avec une pelle cette chaux brisée, et en remplira, à rase seulement, un

---

(1) Le plus ordinairement quand on bâtit, on commence par faire un puits. L'eau qu'il procure contient presque toujours beaucoup de sélénite, qui peut altérer considérablement une partie des propriétés de la chaux. Les mortiers qui ont servi à la construction de nos ponts à Paris et du palais du Louvre, ont plus résisté que ceux qui ont été employés dans les constructions particulières, parce qu'on y a fait usage de l'eau de rivière qui, roulant continuellement sur le sable, est toujours plus épurée.

panier plat et à claire-voie, tel que les maçons en ont pour passer le plâtre. Il enfoncera ce panier dans l'eau, et l'y maintiendra jusqu'à ce que toute la superficie de l'eau commence à bouillonner ; alors il retirera ce panier, le laissera s'égoutter un instant, et renversera cette chaux trempée dans un tonneau. Il répétera sans relâche cette opération jusqu'à ce que toute la chaux ait été trempée et mise dans les tonneaux, qu'il remplira à deux ou trois doigts des bords ; alors cette chaux s'échauffera considérablement, rejettera en vapeur la plus grande partie de l'eau dont elle s'est abreuvée, ouvrira ses pores en tombant en poudre, et perdra enfin sa chaleur. Tel est l'état de chaux que Vitruve nomme *calx extincta*.

L'âcreté de cette vapeur exige que l'opération soit faite dans un lieu où l'air passe librement, afin que les ouvriers puissent se placer de manière à n'en point être incommodés.

Aussitôt que la chaux cessera de fumer, on couvrira les tonneaux avec une grosse toile ou avec des paillassons.

On jugera de la nécessité qu'il y a que la chaux soit très-nouvellement cuite (1), par le plus ou le moins de promptitude qu'elle mettra à s'échauffer et à tomber en poudre : si elle est anciennement cuite, ou si elle n'a pas eu au fourneau le degré de cuisson nécessaire, elle ne s'échauffera que lentement, et elle sera très-mal divisée.

DES MATIÈRES QUI ENTRENT DANS LA COMPOSITION DES MORTIERS.

Les mortiers se font en mêlant, avec de la chaux, du sable de terre ou de ravine, du sable de mer ou de rivière, des recoupes de pierres et des matières calcinées.

Le sable de terre dont les grains sont carrés ou triangulaires, et qui est rude au toucher, est celui que les Romains nommaient

(1) Si l'on veut que le mortier prenne une prompte consistance, il faudra employer la chaux nouvellement préparée, parce qu'étant sèche et aride, elle s'attache mieux aux sables dont elle pompe encore l'humidité.

fossitium, et qu'ils préféraient aux autres sables.

Celui de ravine est bon.

Celui de terre qui est fin et qui est doux au toucher, ne fait pas un aussi bon mortier.

Celui de rivière est meilleur, mais il ne vaut pas le *fossitium* des Romains, parce qu'il s'arrondit en roulant dans l'eau.

Celui de mer est moins bon ; on l'emploiera pour la construction, si on n'en a point d'autre, mais jamais pour les enduits, attendu que ses grains rejettent le sel en dehors, *remittunt salsuginem*, dit Vitruve, lib. II, cap. IV. Si cependant, n'en ayant point d'autre, on se trouvait forcé de l'employer, il faudrait le laver dans l'eau douce, et alors on pourrait s'en servir avec succès, dit Palladius (1).

Comme les sables deviennent terreux lorsqu'ils sont depuis longtemps exposés à l'air, il faut les employer lorsqu'ils sont nouvellement

---

(1) *Prius eam lacunâ humoris dulcis immergi, ut vitium salis aquis suavibus lota deponat*, lib. I, cap. X.

tirés de la terre ou des rivières. (Vitruve, lib. II, cap. IV).

En général, tous les sables ne sont bons qu'autant qu'ils ne sont ni terreux, ni glaiseux, et la manière d'en juger est d'en répandre une poignée sur un drap ou sur un linge blanc : si en secouant ce drap ou ce linge il n'y reste point de parties terreuses, c'est une preuve que le sable est de bonne qualité : si au contraire il y en reste, c'est une marque certaine qu'il n'est pas bon (Vitruve, *ibid.*)

Qant aux recoupes de pierres, les Romains les prenaient ordinairement dans les carrières ; mais il est bon d'observer que les matériaux que nous rebutons lorsque nous démolissons une maison, tels que les petits moellons, et souvent même des pierres d'un certain volume, pourraient être battus et réduits en poudre ; ou bien on pourrait les rassembler en masse, et ménager dans l'intérieur une espèce de four où l'on introduirait du bois ou des fagots auxquels on mettrait le feu : alors ces pierres à demi-brûlées, étant battues, se réduiraient aisément en poudre grisâtre qui, mêlée avec les sables et la chaux, rendrait le mortier meilleur, comme je l'ai éprouvé.

DU MÉLANGE DE LA CHAUX AVEC LES SABLES OU AUTRES MATIÈRES, POUR LE MORTIER DE CONSTRUCTION.

Si vous avez du sable de terre, rude au toucher, tel que celui que les Romains nommaient *fossitium*, vous mettrez dans un vaisseau quelconque trois mesures de ce sable et une mesure de chaux ; vous ferez de ces matières un mélange exact, que vous broyerez ensuite en y ajoutant la quantité d'eau nécessaire pour en faire un mortier gras (1).

---

(1) On broyera les matières dans des auges ou dans un bassin, comme faisaient les Romains : *Mortario collocato calce et arenâ ibi confusâ, decuria hominum inducta, ligneis vectibus pinsant materiam.* Vitruve, lib VII, cap. III.

Mes essais m'ont fait connaître que le fer ne se rouillait pas dans les différents mortiers faits avec la chaux que j'indique : il serait donc avantageux pour sceller le fer, de les préférer au plâtre dont l'acide sulfurique le rouille et le dé-

Si c'est du sable de terre blanc, jaune ou rouge, et qui soit fin et doux au toucher, vous en mêlerez deux mesures avec une de chaux, et vous observerez le même procédé qui vient d'être indiqué.

Si c'est du sable de ravine, vous en mêlerez également deux mesures avec une de chaux, et vous suivrez le même procédé.

Si c'est du sable de mer ou de rivière, fraîchement tiré de l'eau, vous en mêlerez deux mesures avec une de chaux, sans y ajouter de l'eau, attendu que ce sable en contiendra ce qu'il faut pour faire un mortier très-gras, en le broyant parfaitement (1).

Si votre sable de mer ou de rivière est sec,

---

truit. J'ai encore éprouvé que le fer ne se rouillait pas étant même trempé dans de la chaux fusée au vinaigre.

(1) Ceci nous fait connaître la proportion de l'eau avec les sables qui seraient secs : en effet, remplissez de ce sable une mesure quelconque, et après l'avoir pesé, mouillez-le comme s'il était fraîchement tiré de l'eau ; faites-le peser ensuite, la différence qui se trouvera dans le poids vous indiquera que, pour chaque mesure de sable sec, il faut tant pesant d'eau.

vous le mêlerez de même avec un tiers de chaux, et vous donnerez ensuite à ce mélange le volume d'eau nécessaire pour le bien broyer.

Vitruve et Pline disent également qu'en mêlant un tiers de ciment avec le sable de mer ou de rivière, le mortier en sera meilleur ; mais je dois faire observer, d'après les essais qui m'ont réussi, que ce tiers de ciment doit être mêlé avec deux tiers de sable avant de le mesurer ; de façon que, pour en faire ensuite du mortier, on prendra deux mesures de ce mélange et une mesure de chaux que l'on mêlera bien ensemble, et que l'on broyera avec la quantité d'eau nécessaire, ainsi qu'il est précédemment expliqué.

MORTIER POUR LES SOUTERRAINS HUMIDES.

Après avoir seulement blanchi la muraille avec de la chaux vive, détrempée dans l'eau, vous y appliquerez un crépi composé de deux tiers de ciment et d'un tiers de chaux bien mêlés ensemble, et ensuite broyés avec de l'eau, comme il est dit ci-dessus. Vous hacherez ce crépi avec le tranchant de la truelle, et quand il commencera à se sécher, vous étendrez dessus un mortier que vous repasserez à plusieurs reprises avec la truelle, et qui sera composé d'un tiers de ciment (1) fait avec des tuiles ou poteries pulvérisées, d'un tiers de sable de rivière ou de bon sable de terre, et d'un tiers de chaux; le tout mêlé ensemble, et préparé comme il est dit pour les mortiers de construction.

Pour des souterrains extrêmement humides, et même des rez-de-chaussée qu'on veut garantir de toute humidité, il faut, dit Vitruve, faire des galeries le long des murs, et de petites voûtes sous le plancher avec des soupiraux, et appliquer sur le crépi (*supra trullisationem testaceam*) une couche de mortier de chaux et de ciment, c'est-à-dire, un tiers de chaux avec deux tiers de ciment, mêlés et préparés comme les autres mortiers.

---

(1) Le ciment de briques n'est pas bon.

MORTIER DE MACHEFER OU AUTRES MATIÈRES CALCINÉES.

Après avoir bien mêlé une mesure de chaux avec deux mesures de mâchefer pulvérisé, ou autre matière calcinée (1), vous les broyerez avec de l'eau, et vous ferez un mortier qui deviendra très-dur.

MORTIER POUR LES AQUEDUCS, BASSINS, ETC.

Pour faire un mortier propre à la construction des aqueducs, viviers, bassins et citernes, tel qu'est celui que les Romains ont employé à Paris dans la construction de l'aqueduc qui conduisait l'eau d'Arcueil aux bains de Julien l'Apostat, vous mêlerez parfaitement ensemble une mesure de chaux qui viendra de tomber en poudre, une mesure de recoupes de pierres

(1) Les matières calcinées exigent le tiers de chaux de même que les sables ordinaires, c'est pourquoi Vitruve dit (lib. V, cap. XII), en parlant du tuf calciné : *Isque misceatur, uti in mortario, duo ad unum respondeant.*

prises dans les carrières et passées au panier, ou bien des pierres que vous ferez pulvériser, et une mesure de sable sec de rivière. Ces matières bien mêlées, vous les broyerez en y ajoutant de l'eau, comme il est dit ci-dessus.

AUTRE MORTIER INDIQUÉ PAR PLINE

(Lib. XXXVI, cap. XXIII),

ET PAR VITRUVE

(Lib. VIII, cap. VII).

Mêlez parfaitement ensemble cinq parties de bon sable âpre et rude au toucher, avec deux parties de chaux nouvellement cuite et tombée en poudre; mettez ensuite de l'eau, mais seulement ce qu'il en faut pour que le mortier soit gras et non liquide, après avoir été broyé.

MORTIER DE PIERRES (1).

Mêlez ensemble, à sec, une mesure de chaux

(1) Mes essais m'ont donné la preuve qu'avec le mortier de pierres, on peut faire des vases durs et solides, et même mouler des statues en formant ces mortiers en pâte seule-

et trois mesures de poudre de pierres tamisée, ajoutez-y ensuite l'eau qu'il faut pour lier ces matières, et faites-les bien broyer.

MORTIER POUR FAIRE DES PIERRES FACTICES.

Mêlez bien ensemble une mesure de sable de terre fin et sec, et qui ne sera ni terreux ni glaiseux, une mesure de poudre de pierre passée au tamis fin, et une mesure de chaux. Ne donnez à ce mélange que l'eau qu'il faut pour en faire la liaison, et faites broyer parfaitement. Ce mortier, de même que le précédent, doit être bien battu et massivé (1).

---

ment. Nous pouvons encore faire des colonnes comme celles du chœur de l'église de Vézelay en Bourgogne, reconnues factices par le maréchal de Vauban, et comme les piliers de l'église de Saint-Amand en Flandre, etc. J'indiquerai ci-après la manière de faire de grands vases, soit pour les bâtiments, soit pour les jardins. J'ai fait au moule plusieurs statues avec les mortiers de pierre que j'indique; mais il faut que le mortier soit préparé comme de la pâte, et que les matières qui le composent soient passées au tamis de soie. On pourra avec le limon en faire qui ressemble au marbre, et qui seraient impénétrables à l'eau.

(1) Si l'on ne massivait pas ces mortiers, ils formeraient

MORTIER PROPRE A FAIRE DES BRIQUES CRUES.

Le mortier de construction fait avec du sable de rivière, et le mortier d'aqueduc dont j'ai donné la composition, sont bons pour faire des briques (1) ; mais il faut qu'ils soient préparés

---

une retraite sensible, parce que, pour prendre consistance, ils se resserrent en rejettant une eau limpide. Cet effet est une imitation du procédé de la nature ; car les filières qui se trouvent dans nos carrières, et dont la position croise, à peu de chose près, celle de l'aiguille aimantée, semblent n'avoir été formées que par la retraite que fait sur elle-même la matière pierreuse lorsqu'elle prend consistance. Ces filières servent, sans doute, à l'écoulement du fluide de la matière pierreuse ; et c'est apparemment la raison pour laquelle les constructions factices des Egyptiens se trouvent faites sur une fondation revêtue d'un gros treillis, et criblée de trous perpendiculaires qui répondent à des souterrains. La petite pyramide de Ninus, dont je parlerai ci-après, a été construite de cette manière.

(1) Les briques que l'on retire de la démolition des édifices faits par les Romains, sont ordinairement marquées du nom de la Légion qui les a fabriquées, soit en creux, soit en relief ; on y voit aussi l'empreinte de pieds d'animaux. On sépare avec peine ces briques, parce le mortier qui les unit ayant pénétré dans ces différentes empreintes, les lie ensemble plus parfaitement. Il serait à désirer que nos briquetiers impri-

presques à sec, c'est-à-dire, qu'on y mette le moins d'eau possible, autrement les briques se rompraient en sortant du moule. Les Romains mêlaient dans le mortier de briques de la paille hachée; et comme ils voulaient qu'elles fussent légères, ils ne composaient ce mortier qu'avec du sable rouge fin, ou avec de la craie, en y mêlant un tiers de chaux, parce que ces matières étaient moins pesantes, et que la paille s'y attachait mieux. Vitruve dit (lib. II, cap. III) que les terres glaiseuses (1) ne valent rien, parce que les briques qui en seraient faites, se décomposeraient à la pluie : que c'est au printemps ou en automne qu'il faut les faire, afin qu'en se séchant par une chaleur modérée, elles se durcissent également en dedans comme en dehors; et qu'au contraire, si on les faisait

---

massent leurs noms sur les briques qu'ils fabriquent. J'ai éprouvé que celles qui sont crues et où il entre du sable, deviennent au bout de deux ans pour le moins aussi dur que la pierre.

(1) Les terres qui contiennent de l'acide sulfurique détruisent le salino-terreux de la chaux, et ne peuvent résister à la pluie.

en été, le soleil sècherait promptement l'extérieur; mais que comme l'intérieur ne pourrait se sécher et se durcir qu'avec le temps, elles se fendraient par la suite en se resserrant.

Pour mouler ces briques, on fera faire par un menuisier une boîte sans couverture, dont l'intérieur et la hauteur seront proportionnés à la grandeur et à l'épaisseur qu'on veut donner aux briques : les côtés de cette boîte ne tiendront au fond qu'avec des charnières, afin qu'on puisse les rabattre en dehors; et quand on voudra faire une brique, on redressera les côtés de la boîte, et on les assujétira avec un cadre de bois, de même qu'un cerceau contient les douves d'un tonneau : alors on remplira cette boîte de mortier que l'on massivera avec une forte palette, et ensuite on enlèvera le cadre de bois, on renversera les côtés de la boîte, et l'on posera la brique sur une planche et dans un lieu couvert où on la laissera sécher. J'en ai fait faire une certaine quantité, et j'ai remarqué qu'un ouvrier pouvait en mouler aisément une centaine dans sa journée, avec la même boîte, et en préparant lui-même le mortier. Celles dont on faisait usage à Rome avaient trente-deux centimètres de longueur sur seize centimètres de largeur, dit Vitruve; il n'en indique point l'épaisseur. On l'employait dans les constructions en y entremêlant d'autres briques qui étaient de moitié moins grandes (1). Quant aux briques cuites, le procédé en est si connu qu'il serait inutile d'en parler.

MORTIER POUR LES ENDUITS DES APPARTEMENTS.

Après avoir seulement blanchi les murailles avec de la chaux vive détrempée dans l'eau, vous les enduirez d'un crépi de chaux en poudre, et de sable de rivière que vous hacherez avec le tranchant de la truelle; vous formerez des *cueillies* parallèles, à soixante centimètres de distance, pour étendre à la règle les différentes couches de mortier, à l'effet de préserver les enduits des ondulations qu'ils ont

(1) Vitruve, liv. II, chap. III.

lorsqu'on les pose à la truelle. Vous étendrez ensuite sur le crépi une première couche de mortier de chaux et de sable de rivière, tel qu'il est précédemment indiqué. Quand cette première couche commencera à se sécher, vous en poserez une seconde de même nature, mais dont le sable aura été passé au crible, et de même une troisième couche dont le sable aura été passé à un crible plus fin (1). Il faut, dit Vitruve, faire rebattre ces enduits à plusieurs reprises.

Quand cette dernière couche commencera à se sécher, vous donnerez aux murailles les derniers enduits, soit avec du mortier de marbre, comme faisaient les Romains quand ils voulaient peindre à fresque, soit avec de la chaux

(1) Avant de mesurer le sable de cette dernière couche, on y mêlera les grains de marbre dont il sera parlé ci-après, lorsque les derniers enduits devront être faits en mortier de marbre. Vitruve nomme ces différents enduits *coria*, ce qui nous prouve qu'ils avaient peu d'épaisseur : et le crépi sur lequel ils doivent être appliqués, *trullissatio arenæ* lorsqu'il est fait avec de la chaux et du sable, et *trullissatio testacea* quand il est fait avec de la chaux et du ciment.

pure et anciennement fusée, et vous pourrez également donner à ces derniers enduits le lustre et le poli que vous jugerez à propos.

MORTIER DE MARBRE POUR LES ENDUITS.

Vous ferez piler du marbre blanc dans un mortier de fer (1), et lorsqu'il vous paraîtra bien pulvérisé, vous le passerez dans un tamis à demi-fin, et vous mêlerez les grains qui resteront dans ce tamis avec le sable qui formera la dernière couche de gros mortier dont il vient d'être parlé.

Vous passerez ensuite votre poudre de marbre dans un tamis fin, et ce qui y restera sera mêlé avec un tiers de chaux en poudre, et formera,

---

(1) Le marbre qui, étant brisé, a des miettes luisantes comme des grains de sel, est celui qu'on doit préférer, dit Vitruve, lib. VII, cap. VI.

Si vous voulez peindre à fresque, après avoir poli un enduit de marbre, vous y étendrez au pinceau des teintures de différentes couleurs qui, sans excéder le trait du dessin, s'incorporeront avec l'enduit, parce que la chaux les pompera à cause de son aridité : *propter jejunitatem suam*, dit Vitruve.

en observant le procédé que j'ai indiqué, un mortier dont on appliquera une couche sur le dernier enduit de sable et de grains de marbre ci-dessus désigné ; et enfin, la fleur de marbre, mêlée également avec un tiers de chaux, formera la dernière couche de l'enduit : mais on aura soin de ne l'employer que lorsque la précédente commencera à se sécher. Aussitôt que ce dernier enduit aura pris une certaine consistance et qu'il ne tiendra plus aux doigts, on le polira, non pas avec une truelle de cuivre ou de fer qui le noircirait, mais avec des plaques de marbre ou une pierre très-dure et très-polie, comme on fait aux Indes avec une agate, et ensuite on le frottera avec un gant ou une peau douce pour donner le dernier poli.

MORTIER DE CHAUX PURE.

Lorsque vous ne voudrez point faire la dépense d'un enduit de marbre, après avoir appliqué successivement sur vos murailles les trois couches de mortier de sable dont il a été parlé, vous étendrez dessus une ou deux couches de mortier de chaux anciennement fusée, et que vous polirez de la même manière que j'ai indiquée pour le mortier de marbre. Je ne parlerai point ici du procédé de la chaux fusée, parce qu'il est parfaitement connu; mais je ferai observer qu'il faut fuser la chaux dans un bassin non spongieux, afin que l'eau qui se sature de son principe salino-terreux, ne puisse, en s'échappant, la réduire en *caput mortuum*.

Vitruve (1) et Pline (2) disent que le mortier de marbre est à son degré de perfection quand, après l'avoir broyé et pétri dans un bassin, il ne s'attache plus au rabot (3); et Pline ajoute

(1) Ita materies temperetur, uti cum subigitur non hæreat ad rutrum, sed purum ferrum e mortario liberetur.

(2) *Experimentum marmorati est in subigendo, donec rutro non cohæreat : contra in albario opere, ut macerata calx ceu glutinum hæreat.* Cet historien fait voir ici bien distinctement la différence qu'il y a dans l'apprêt du mortier, soit pour les enduits de marbre, soit pour ceux à faire avec de la chaux pure, qu'il nomme, de même que Vitruve, *calx macerata*.

(3) Le rabot, *rutrum*, est un outil fait avec un morceau de

qu'au contraire, pour les ouvrages à faire en chaux pure, il faut que la chaux (parfaitement macérée) s'y attache comme de la glu.

Les expressions de Pline nous font entendre que le mortier de chaux pure était posé à la règle, comme le mortier de marbre, puisqu'il devait être collant comme de la glu, et que conséquemment il n'était point détrempé comme une peinture qu'on étendrait au pinceau.

On se servait de la même chaux fusée pour blanchir les murailles des maisons, et même Pétronne, par une certaine comparaison (1), nous fait connaître que les murs extérieurs en étaient enduits (2).

---

bois quarré ou rond, et percé dans le milieu pour recevoir le bout d'une perche qui sert de manche.

(1) Perfluebant per frontem sudantis acaciæ rivi ; et inter rugas malarum tantum erat cretæ, ut putares detectum parietem nimbo laborare.

(2) Il y avait chez les Grecs et les Romains des ouvriers spécialement chargés de faire les enduits : Varron et Vitruve les nomment *Tectores*.

ENDUITS DE CHAUX PURE QUE L'ON FAIT AUX INDES.

Aux Indes, dit Thévenot (*Recueil de ses relations*), on enduit les murailles avec un crépi de chaux vive, éteinte dans du lait et broyée avec du sucre : on polit ensuite ce mortier avec une agathe, et on le rend aussi uni et aussi luisant qu'un miroir. Cet exemple prouve qu'avec de la chaux pure on peut faire des enduits comme les Romains (1).

EXPLICATION DU *lapis politus* DES ANCIENS.

Pline (liv. XXXVI, chap. XIII) parlant de la construction des labyrinthes, et particulièrement de celui d'Egypte qui existait encore de son temps, dit : *Omnes labyrinthi lapide polito fornicibus tecti; Ægyptius, quod miror*

(1) On peut dissoudre de la chaux en la trempant dans du lait, du vin, du vinaigre et de l'eau-de-vie. Pétrie avec du vinaigre, elle devient solide ; mais avec de l'eau-de-vie, elle ne prend aucune consistance ; trempée dans l'huile, elle ne se dissout pas.

equidem, introitu, columnisque relipuis e molibus compositis, quas dissolvere ne secula quidem possint, adjuvantibus Heracleopolitis, qui id opus invisum mirè infestavere.

Les commentateurs qui ont défiguré ce texte en y ajoutant ou substituant des mots, ne se trouvant point d'accord sur la manière de rendre ce passage, je vais essayer de l'expliquer en ne me servant que des expressions de Pline. Si ma traduction est jugée bonne, non-seulement elle fera connaître ce que c'est que le lapis politus des anciens, mais elle prouvera encore que les Egyptiens composaient de la pierre factice, comme les Romains l'ont fait après eux.

Omnes labyrinthi tecti lapide polito fornicibus : Ægyptius labyrinthus, *quod miror equidem*, tectus lapide polito *introitu, columnisque compositis reliquis e molibus, quas ne secula quidem possint dissolvere, adjuvantibus Heracleopolitis, qui id opus invisum mire infestavere.*

« Ces labyrinthes étaient enduits dans toutes « leurs parties voûtées avec un mortier de chaux

« pure ou de marbre, et qui était poli : quant
« à celui d'Egypte, je vois avec étonnement que
« son péristyle était encore enduit d'un pareil
« mortier, de même que ses colonnes (1) com-
« posées avec les recoupes des pierres employées
« à cette énorme construction, et que les siècles
« même n'ont pu dissoudre, malgré tous les
« efforts du peuple d'Héracléopolis qui, de con-
« cert avec le temps, ne cherchait qu'à détruire
« cet ouvrage qui lui déplaisait. »

Je rends ici *lapide polito* par mortier de chaux pure ou de marbre poli, parce que Vitruve (liv. VII, chap. III) parlant de la composition des enduits que l'on faisait de plusieurs couches de mortier de sable, et ensuite de mortier fait avec de la chaux de craie, ou avec du marbre en poudre, qu'on polissait, dit : *Arena dirigatur, postea aut creta aut marmore poliatur.*

On pourrait peut-être croire que le *lapis politus* des anciens était une incrustation de

---

(1) Pline ne parle ici que des colonnes qui ornaient le péristyle.

marbre poli ; mais il est essentiel de remarquer qu'indépendamment de la difficulté qu'il y aurait eu à revêtir de marbre des colonnes rondes, Pline (liv. XXXVI, chap. VI) parlant de l'invention de scier le marbre, ne peut pas même remonter, à l'égard de cette découverte, jusqu'à la fondation de Rome ; ce qui prouve que ce naturaliste, en parlant du péristyle et des colonnes du labyrinthe d'Egypte, n'a point entendu par *lapide polito*, une incrustation de marbe poli, mais un mortier fait avec de la chaux pure ou avec de la poudre de marbre et de la chaux, et qu'on polissait, comme l'explique Vitruve dans les chapitres III et VI de son septième livre, et encore dans le dixième chapitre, lorsqu'en indiquant la manière de construire les étuves propres à l'apprêt des couleurs, il dit : *ædificatur locus uti laconicum, et expolitur marmore subtiliter et levigatur.*

Quant à la seconde partie de ce passage de Pline, comme cet historien n'a point parlé de colonnes dans tout ce qui a précédé, je crois qu'on ne doit pas prendre le mot *reliquis* pour adjectif à *columnis*, mais comme adjectif à *molibus*, qu'on ne peut rendre ici que par des amas de recoupes provenant de la taille des pierres employées à cet édifice, ce qui désigne des colonnes factices, et justifie en même temps l'étonnement de Pline par rapport à la composition et à la durée de ces colonnes : car si elles eussent été faites des mêmes pierres qui avaient été employées à la construction de ce labyrinthe, et que Strabon et Hérodote représentent comme étant d'une grandeur démesurée, je crois que Pline n'aurait point été étonné que ces colonnes se fussent conservées pendant tant de siècles, de même que les murailles de ce labyrinthe, et qu'il ne se serait pas servi du mot *compositis* qui désigne ici un mélange de différentes matières, non plus que du mot *dissolvere*, qui ne peut avoir rapport qu'à une construction factice (1) et composée sans doute avec de

(1) Dans l'empire de Maroc, les grosses murailles sont composées de terre ordinaire, de terre glaise, de sable et de ciment. On jette ces matières dans des moules de bois d'environ deux mètres de longueur sur un de largeur, et à force de

la chaux, du sable et des recoupes de pierres, que le temps pouvait dissoudre.

J'ai fait des recherches (1) sur la construction

---

les battre avec de gros pilons, on leur fait prendre la forme des moules. (*Histoire moderne de l'abbé de Marsi*, tome X, page 441 ; et *Shaw*, tome 1, p. 368.)

(1) Ces recherches portent particulièrement sur la construction de la petite pyramide de Ninus, qui n'est formée que d'un même bloc. Cette pyramide est sur une voûte qui a environ sept mètres d'épaisseur, et qui est criblée de trous perpendiculaires, à seize centimètres les uns des autres, et de trois centimètres de diamètre. La superficie de cette voûte est couverte d'une grosse toile sur laquelle on a répandu le mortier de pierre qui forme cette pyramide, ainsi qu'on le voit lorsqu'on détache de sa base des éclats de pierres avec des leviers et des coins en fer. On trouve dans ces éclats détachés des mamelons aux endroits qui répondaient à ces trous, et dont l'épaisseur est en proportion de l'affaissement de la toile par le poids de la matière. Cette pierre contient des grains d'une chaux grisâtre et semblable à celle qu'on fait avec les pierres des carrières voisines. Lorsqu'on met à l'épreuve du feu des éclats de cette pyramide, on ne peut en faire de la chaux, ils se rompent et se divisent, parce qu'il est entré du sable fin dans la composition de cette pierre, ainsi qu'on l'a remarqué en la décomposant par ce procédé. J'ai fait élever un premier obélisque qui a souffert dans sa base, parce que n'ayant point été construit sur voûte et avec les précautions que prenaient les Egyptiens pour opérer la dessiccation de la matière, la chaux qui a pompé l'humidité de la terre n'a pu

des pyramides, et j'ai pu constater que les Egyptiens composaient des pierres factices.

Les historiens qui ont cru que les Egyptiens composaient du granit, disent que cette pierre semble n'avoir été formée que par l'amoncellement des sables joints ensemble par le limon du Nil. Si l'on appuyait ce sentiment par l'inscription de la petite pyramide d'Asichis, roi d'Egypte, rapportée par Hérodote (1), où il est dit qu'elle est autant au-dessus des autres pyramides, que Jupiter est au-dessus des autres dieux, parce qu'elle n'a été composée qu'avec le limon du lac Mœris qui recevait les eaux du

---

prendre à la base la même consistance que dans le reste de l'obélisque. (Il a neuf mètres de hauteur.)

(1) L'inscription porte que c'est avec le limon qui s'attachait aux perches qu'on enfonçait dans ce lac (Herodote, *lib.* II). On connaît des eaux dont le limon se convertit en pierre, telles que celles des bains d'Apone et de Corcena près de Padoue; celles du fleuve Silar en Calabre et de la rivière Elsa en Toscane; celle du ruisseau Véron près de Sens et de la fontaine d'Arcueil près de Paris, etc. Les essais de granit que j'ai faits ont acquis une si prompte consistance, que dès le cinquième jour on a pu les polir sur un grès avec de l'eau, comme on polirait le marbre.

Nil ; et si l'on ajoutait encore que les voyageurs qui ont parcouru la rivière des Amazones, disent que les sauvages qui pétrissent le limon de cette rivière, en font des colliers, des instruments et même des haches pour l'usage de la vie, ne pourrait-on pas croire qu'en préparant de même le limon du Nil, et en le pétrissant avec le sable de ce fleuve, on pourrait faire un granit de la plus grande dureté ?

DE L'EMPLOI DES DIFFÉRENTS MORTIERS DE CONSTRUCTION INDIQUÉS JUSQU'A PRÉSENT.

Les Romains employaient comme nous les mortiers ordiaires, composés seulement de sable et de chaux ; mais il n'en était pas de même des mortiers préparés pour les aqueducs, viviers, bassins et citernes, dont les constructions étaient faites, soit par encaissement de planches, lorsque les ouvrages étaient à couvert des injures du temps, soit par encaissement de pierres, lorsqu'ils y étaient exposés, c'est-à-dire que les murailles avaient alors un parement de pierres dures pour les garantir des intempéries des saisons : tel qu'on voit en Lorraine le fameux aqueduc de Jouy-aux-Arches (1), qui est revêtu de pierres taillées sous la forme d'une brique ordinaire, tandis que l'intérieur de cet aqueduc n'est qu'un blocage composé de cailloutages, de petites pierres et de mortier de sable et de chaux.

Pour faire connaître ce procédé de construction, j'expliquerai successivement toutes les opérations nécessaires à la formation des aqueducs, des bassins et des citernes.

AQUEDUC SOUTERRAIN.

Après avoir déterminé l'alignement d'un aqueduc souterrain, vous tracerez deux lignes

(1) Les Lorrains appellent cet aqueduc, qui traverse la Moselle entre Metz et Pont-à-Mousson, le *Pont-au-Diable* ; de même que les habitants de Balbeck, ancienne Héliopolis, attribuent au Diable les pierres énormes qui couronnent les murailles existantes au sud-ouest de cette ville. Ces pierres ont environ vingt mètres de longueur sur quatre mètres de largeur et de hauteur. (*Voyage d'Alep à Jérusalem.*)

parallèles dont l'intervalle réglera l'épaisseur du mur de l'un des côtés de cet aqueduc, de même qu'on fait pour tracer les fondations d'une maison.

Ces lignes étant tracées, vous ouvrirez la tranchée et vous la creuserez, en lui donnant trente centimètres de plus de profondeur que ne doit avoir le lit de cet aqueduc, sur lequel l'eau doit couler. Cette tranchée étant ouverte, vous garnirez de planches de chêne le côté seulement où il faudra enlever les terres, pour former ensuite le vide ou l'intérieur de l'aqueduc. Après avoir fixé les planches le plus solidement que vous pourrez, vous ferez battre et massiver le fond de la tranchée avec des pilons de bois, garnis en dessous avec un fer épais et emmanchés comme un balai. Pendant que vous occuperez des ouvriers à cette première opération, vous en emploierez d'autres à rassembler le plus de cailloutages et d'éclats de pierres dures qu'il sera possible (1), mais dont les

---

(1) L'usage du caillou, qui, de nos jours, prend un si

plus gros n'excéderont pas le poids d'une livre ou la grosseur d'un œuf. Ces éclats de pierres dures se trouveront dans les recoupes que vous tirerez des carrières, et que vous ferez passer à la claie pour en employer le menu dans la composition de votre mortier. Ces matières étant rassemblées, vous vous procurerez de la chaux de pierres dures nouvellement cuite, vous la ferez tomber en poudre à mesure que vous en aurez besoin pour composer le mortier déjà indiqué pour cette construction. Si vous ne pouvez vous procurer des recoupes de pierres, vous composerez votre mortier avec un tiers de chaux et deux tiers de sable de rivière ou de bon gravier de terre, dans lequel vous aurez mis un tiers de ciment pulvérisé.

A mesure que l'on fera du mortier, il sera étalé par couches dans le fond de la tranchée, et l'on répandra sur chaque couche un lit de

---

grand développement dans les constructions et son emploi pour le macadamisage des routes et des principales voies publiques de Paris, purgera la terre de tous les cailloutages qui nuisent à la production, cailloutages mêlés d'éclats de pierres dures, que l'on massivera avec les susdits pilons ferrés (1), en observant de remettre du cailloutage et des éclats de pierres, tant qu'on verra qu'ils fléchissent sous les pilons. On continuera la même opération jusqu'à ce que la muraille se trouve montée à la hauteur qu'on aura déterminée pour la voûte de cet aqueduc.

Cette première muraille étant faite, si l'on veut donner un mètre de largeur à l'aqueduc, on tracera une seconde tranchée parallèle, à un mètre de distance de la première, on la

---

(1) *Ita Ferratis vectibus calcari solum, parietesque similiter.* (Pline, lib. XXXVI, cap. XXIII.) On massivait de même les chemins dont le *summum dorsum* était fait avec du caillou et du mortier de chaux et de sable ; c'est pourquoi Stace (*Silvarum*, lib. IV), parlant des travaux de la voie de Domitien, dit :

Quis duri silicis, gravisque ferri
Immanis sonus, æquori propinquum
Saxosæ latus Appiæ replevit !

Et Léon-Baptiste Albert (lib. III, cap. XXXVI) : *crustas quæ ex sola materia sunt obductæ, experiri licet verberatu crebriore et in dies iterato acquirere spissitudinem et duritiem prope ut superent lapidem.*

creusera à la même profondeur, on y posera des planches le long des terres qu'il faudra par la suite enlever, on massivera le sol, en un mot on construira cette seconde muraille comme on a fait la première.

Il est bon d'observer ici, que les terres le long desquelles on met des planches, et que l'on conserve jusqu'à ce que les deux murailles soient construites, servent à soutenir les efforts de la massivation.

Ces murailles étant faites, on enlèvera les terres qui se trouvent dans l'entre-deux ; on retirera ensuite les planches, et ces deux murailles se trouveront également enduites, parce que le fluide du mortier se sera porté le long desdites planches par l'effet de la massivation.

Cette opération finie, vous hacherez légèrement l'enduit du pied de ces murailles, jusqu'à la hauteur où doit se rencontrer la superficie du plancher; il faudra ensuite battre et massiver le sol avec les pilons, et y répandre successivement des lits de cailloux et de mortier que l'on massivera, comme il vient d'être expliqué, jusqu'à la hauteur de trente centimètres. Ce plancher étant achevé, on posera des cintres que l'on couvrira de fortes planches pour la construction de la voûte que l'on fera, en observant le même procédé, à moins qu'on ne veuille, pour opérer plus promptement, la construire avec des moellons de pierres dures et avec le même mortier (1) comme on bâtit ordinairement les voûtes des caves, et au bout d'un certain temps on couvrira cette voûte de terre (2).

Tel est le procédé que les Romains paraissent avoir suivi à Paris pour la construction de

---

(1) J'ai fait construire, pour essai, une voûte surbaissée de quatre mètres de longueur sur un mètre trente centimètres de largeur avec de gros moellons et du mortier de chaux et de sable. Les points d'appui ayant fléchi, la voûte s'est rompue en plusieurs portions, mais comme le mortier intérieur avait pris consistance depuis un an que cette voûte était faite et quoique exposée aux injures de l'air, les moellons sont restés parfaitement adhérents les uns aux autres.

(2) La maltha faite avec de la résine et de la chaux servait à enduire l'intérieur de ces aqueducs. *Voyez ci-devant, page* 17.

l'aqueduc qui conduisait l'eau d'Arcueil aux bains de Julien l'Apostat (1).

J'ai fait faire, en m'y conformant, une pièce d'eau, sous la forme d'une citerne non voûtée, contenant cinquante-quatre hectolitres d'eau, et qui n'en perd pas une goutte : le même procédé peut être observé pour la construction des citernes, et autres pièces d'eau qui ne sont point exposées aux injures du temps.

AQUEDUC EXPOSÉ A L'AIR.

Si vous voulez construire un aqueduc qui doive rester exposé à l'air, il faut le faire par

(1) Si l'on examine avec soin les quatre murailles de l'une des salles des bains de Julien l'Apostat, dont on a détruit la voûte, on reconnaîtra qu'elles sont construites de lits de briques cuites et de lits de petits moellons posés horizontalement, et que la voûte n'était chargée dans ses reins qu'avec le mortier que j'indique ici, et dans la composition duquel sont entrées les recoupes des pierres employées à la construction de cet édifice. On a trouvé dans les environs de l'Observatoire, à Paris, des restes de l'aqueduc qui conduisait l'eau à ces bains.

encaissement de planches de chêne qui soient assez fortes pour résister aux efforts de la massivation, en observant d'élever perpendiculairement, le long des planches et dans l'intérieur de l'encaissement, un parement de pierres ou moellons durs, taillés sous la forme d'une forte brique, et de placer le parement de ces pierres contre les planches. Ensuite vous remplirez le vide qui restera entre ces pierres ou moellons avec le cailloutage, les éclats de pierres dures et le mortier, en pilant et massivant le tout successivement et conformément au procédé ci-dessus indiqué. Terminez enfin cet aqueduc en ménageant dans la partie supérieure le vide qui doit servir pour l'écoulement des eaux. C'est de cette manière que l'aqueduc de Jouy-aux-Arches, qui traverse la Moselle, paraît avoir été construit par les Romains. Si au lieu de petites pierres l'on formait le parement d'un aqueduc en pierres de taille, alors on éviterait les frais de l'encaissement, parce que les pierres soutiendraient par leur propre poids l'effort de la massivation intérieure. Telle est la construction que les auteurs anciens désignent par le mot *emplectos*.

CONSTRUCTION D'UN BASSIN.

Pour faire un bassin (1), on commencera par rendre le sol horizontal; on tracera ensuite la fondation de la muraille, et l'on ouvrira la tranchée que l'on creusera à trente centimètres plus bas que ne doit être la superficie du plancher du bassin : on fixera des planches le long des terres qu'il faudra par la suite enlever, on affermira le sol avec les pilons, on répandra des lits de mortier et de cailloutages, mêlés d'éclats de pierres dures, que l'on massivera seulement jusqu'à la hauteur de trente centimètres; après quoi on élèvera le long des planches un parement de pierres dures, comme il

(1) On ne mettra de l'eau dans un pareil bassin, qu'après deux mois de construction, pour le moins, parce que Vitruve (lib. V, cap. XII) exige le même espace de temps avant d'exposer à l'eau les piles des ponts; *Relinquatur pila ne minùs quàm duos menses ut siccescat.*

est dit ci-dessus, jusqu'à huit centimètres près du niveau des terres (1). Ensuite on continuera de remplir le vide qui restera entre le parement de pierres et les terres extérieures, avec des lits de mortier et de cailloux, mêlés d'éclats de pierres, en observant bien exactement le procédé de massivation que j'ai indiqué (2). Lorsque cette muraille sera achevée, on enlèvera toutes les terres de l'intérieur du bassin, et après avoir retiré les planches, on hachera légèrement le mortier d'enduit jusqu'à la naissance

---

(1) Je dis jusqu'à huit centimètres du niveau des terres, parce que je suppose que les dalles de pierres dures qui formeront le recouvrement de la muraille, auront cette épaisseur.

(2) Je crois devoir faire observer que, si on voulait faire un pareil bassin sur un sol sablonneux et mouvant, il faudrait donner nécessairement au plancher une épaisseur plus considérable, en creusant le sol plus avant, et en formant une première couche de maçonnerie avec de larges écailles de pierres dures, posées horizontalement et liées ensemble avec le mortier indiqué, et dont chaque lit serait successivement massivé, de même que les Romains faisaient pour la base de leurs chemins militaires, qu'ils nomment *statumen*. On étendrait ensuite sur cette première maçonnerie des lits de cailloutages et de mortier, ainsi qu'il est expliqué.

du parement de pierres, on massivera le sol, et on formera le plancher avec des lits de cailloutages, mêlés de fragments de pierres, et des lits de mortier pilés et massivés, comme il est précédemment expliqué, jusqu'à la hauteur de trente centimètres : on couvrira ensuite ce plancher avec de petits pavés, à chaux et à ciment, si on le juge à propos : enfin on posera des dalles de pierres dures sur la muraille de ce bassin, auxquelles on donnera huit ou dix centimètres d'épaisseur, si l'on ne veut point qu'elles excèdent le niveau des terres (1).

(1) Voici un procédé pour faire un mortier imperméable. Lorsqu'on aura pétri un décalitre de chaux qui vient de tomber en poudre, avec deux décalitres de sable de rivière, fraîchement tiré de l'eau; si l'on repétrit encore ces matières après avoir répandu sur la totalité soixante à soixante-dix grammes d'huile, ce mortier, ayant pris consistance, ne sera plus susceptible d'être pénétré par l'eau. Il paraît que l'huile s'étend et se divise dans le mortier, car en rompant des essais que j'ai faits, j'ai acquis la certitude que l'intérieur, de même que l'extérieur, est impénétrable à l'eau. Comme la qualité de la chaux n'est pas toujours la même, il faut faire des essais pour juger de la quantité d'huile que peut exiger la chaux qu'on emploie. On peut aussi obtenir un mortier parfaite-

MOSAÏQUE.

Les planchers en mosaïque (1) dont les anciens ornaient leurs temples et les rez-de-chaus-

---

ment dur en pétrissant la même quantité de chaux et de sable avec du vinaigre, et y ajoutant la proportion d'huile indiquée ci-dessus.

(1) Les planchers en mosaïque étaient composés, de même que les chemins et les terrasses, de quatre couches de maçonnerie. Les chemins qui n'étaient point revêtus en pierres dures, étaient enduits de chaux détrempée dans l'huile, *ex calce oleosubactâ*, comme le remarque Léon-Baptiste Albert. Quant aux terrasses qui couvraient les maisons romaines, il était d'usage de les frotter tous les ans avant l'hiver avec du marc d'olive, comme dit Vitruve (lib. VI, cap. I) : *Fracibus quotannis ante hiemen saturetur*. Cette précaution, que les Romains jugeaient sans doute nécessaire en Italie, nous fait connaître combien en France on doit peu se flatter de réussir à faire de pareilles terrasses. Néanmoins j'en ai fait plusieurs essais où j'ai employé pour les uns du mortier d'aqueduc, et pour les autres du même mortier dans lequel il est entré un tiers de bon ciment. Les terrasses qui ont été construites au mois de mai avec des fragments de pierres dures et du mortier d'aqueduc, le tout battu et massivé à plusieurs reprises et pendant trois jours avec des battes, en ayant soin d'ajouter des fragments de pierres tant qu'on voit que le mortier fléchit, ont acquis la plus grande dureté, et ont passé l'hiver sans la moindre dégradation ; et celles qui ont été faites en

sée de leurs maisons, étaient faits, soit avec des mortiers colorés, soit avec des morceaux de marbre, de verre ou de terre émaillée de diverses couleurs, et taillés comme des dés. Ces planchers avaient trente et jusqu'à soixante centimètres d'épaisseur, et étaient composés de quatre couches de maçonnerie, de même que les chemins militaires. Je vais expliquer la manière de faire ces planchers, d'après les vues que m'ont fournies les auteurs et les différents essais qui m'ont parfaitement réussi.

Si le sol est humide, vous enlèverez la terre jusqu'à la profondeur de cinquante à soixante centimètres au-dessous du niveau du rez-de-chaussée : si au contraire il e t sec et solide, il suffira de creuser à la profondeur de trente centimètres.

Après avoir battu le sol avec des pilons ferrés, vous formerez la base (1) avec des lits croisés

septembre, et où il est entré du ciment, ont été écaillées par la gelée.

(1) *Statumen*, ou première couche de maçonnerie.

de plaquis de pierres dures posées horizontalement avec un mortier composé seulement de chaux et de mâchefer, et vous donnerez d'épaisseur à cette première maçonnerie bien massivée, la moitié de la profondeur de la fouille que vous aurez faite. Vous répandrez ensuite sur cette base, des lits de cailloux mêlés de fragments de pierres dures (1), avec un mortier composé d'un tiers de ciment, un tiers de sable de rivière ou de gravier de terre, et un tiers de chaux, que vous ferez successivement battre et massiver jusqu'à sept centimètres près du niveau du rez-de-chaussée.

Vous étalerez ensuite un mortier (2) composé avec un tiers de chaux, un tiers de ciment et un tiers de grains de marbre, ou de pierres dures, réduites à la grosseur du sable de rivière, et vous donnerez à cette couche que vous ferez massiver avec des battes, six centimètres d'épais-

(1) *Rudus*, seconde couche.

(2) *Nucleus*, troisième couche. Des poteries pulvérisées seraient, suivant mes essais, le meilleur ciment pour cet ouvrage.

seur, de façon qu'il ne vous restera plus que deux centimètres pour arriver au nivéau du rez-de-chaussée.

Vous formerez la dernière couche de ce plancher (1), soit avec des mortiers colorés, soit avec des dés de marbre, de verre ou de terre émaillée.

Si, pour épargner la dépense, vous préférez les mortiers colorés (2), vous commencerez par donner au plancher une couche générale avec un mortier composé d'un tiers de ciment très-fin et bien sec, un tiers de poudre de marbre, ou de poudre de pierre dure bien tamisée, et un tiers de chaux, ce qui formera une couleur de gris-de-perle. Vous ferez battre cette dernière couche pendant deux ou trois jours, s'il le faut, jusqu'à ce que la batte n'y fasse plus d'impres-

---

(1) *Summa crusta* vel *pavimentum*, quatrième couche.

(2) Ce dernier mortier doit être posé à la règle. Les anciens faisaient encore des mosaïques irrégulières, en mêlant dans ce mortier des fragments de marbre de différentes couleurs; et lorsque ce mortier, bien battu, avait acquis une certaine dureté, on le polissait.

sion ; vous laisserez ensuite sécher ce plancher jusqu'à ce que l'on puisse le frotter avec de la cire blanche, comme un plancher parqueté.

Lorsque le plancher aura été frotté, vous y ferez dessiner avec une pierre noire, bien aiguisée, toutes les figures, fleurs ou compartiments que vous jugerez à propos, et avec un ciseau bien affuté vous ferez creuser de quinze millimètres tout ce qui se trouvera dessiné. Vous remplirez ensuite ces cavités avec des mortiers colorés et composés d'un bon tiers de chaux, d'un tiers de ciment bien tamisé, et d'un tiers de terres colorées ou de couleurs en poudre, dont se servent les peintres. Le mâchefer passé par un tamis de crin ordinaire, imite parfaitement le marbre noir, si on le passait à un tamis trop fin, il serait moins bon, parce qu'il n'y passerait que la fleur du charbon. Il faut que ces mortiers colorés soient gras et peu liquides, et qu'ils soient fermement appuyés et polis avec la truelle. Les bavures qui pourraient excéder le trait en s'étendant sur le fond du plancher, seront ôtées avec un linge humide, parce qu'elles ne tiendront point au fond qui aura été ciré.

Si, au lieu de mortiers colorés, vous voulez employer des dés de marbre, de verre ou de terre émaillée, vous vous procurerez de ces dés de différentes couleurs, et vous les poserez à la règle sur la couche de maçonnerie que j'ai désignée par *nucleus*, avec un mortier composé d'un tiers de ciment, un tiers de marbre en poudre et un tiers de chaux, en suivant exactement les traits que vous aurez fait tracer sur ladite couche de maçonnerie.

MANIÈRE DE CONSTRUIRE DE GRANDS VASES POUR LES BATIMENTS ET LES JARDINS (1).

Pour faire des vases de un ou deux mètres de hauteur, et même de plus grands encore,

---

(1) J'ai éprouvé que le plâtre ne pouvait servir à la construction intérieure de ces vases, parce qu'il se gonfle dans les temps humides et fait crevasser les enduits : on fera très-bien, pour les vases pleins, de faire percer la barre de fer qu'on doit y mettre, de plusieurs trous, où l'on passera des

on fixera sur une fondation ordinaire un dé en pierre dure à l'endroit où doit être le vase, et dont le diamètre sera proportionné au volume qu'il doit avoir. On ménagera, en taillant ce dé, un rond de trois centimètres d'épaisseur à la partie supérieure de la pierre, et qui aura le diamètre qu'on se propose de donner au pied du vase. On scellera perpendiculairement dans le milieu de ce rond, une barre de fer dont le bout excèdera de six centimètres la hauteur du vase, lesquels six centimètres seront limés et réduits en pointe, à la grosseur d'une plume à écrire. Alors on fera le calibre du vase en bois

---

fentons qui, en se croisant, donneront plus de solidité à la construction de ces vases. Lorsqu'on sera parvenu à faire de la maltha, d'après l'indication que Pline en donne, il y a lieu de croire que si l'on en enduisait des vases, ils pourraient résister aux intempéries des saisons. J'ai éprouvé qu'en enduisant de pareils vases, qui étaient secs, avec de l'huile de lin bouillante, cette huile disparaissait avec le temps, et que le mortier d'enduit qui devenait plus dur, prenait la couleur de la pierre naturelle. On pourrait également enduire ces vases en les imprégnant de silicate de potasse. (Voyez pour ce procédé la *Revue Archéologique*, 3e année, page 342, et 9e année, page 185).

de noyer, et le pied en sera fixé avec un coin dans un sabot, qui embrassera environ le tiers du susdit rond de pierre, réservé à la superficie du dé. Le haut du calibre sera fixé par le moyen d'un fer qui s'y attachera avec deux vis, et dont l'extrémité se terminant par un anneau, s'accrochera à la pointe de la barre qu'on aura scellée. Ce calibre étant placé, on graissera avec du saindoux le sabot, et on le tournera à mesure qu'on construira le vase avec du mortier d'aqueduc et du cailloutage ou des éclats de pierres dures, en ménageant entre le calibre et la maçonnerie une distance d'environ huit millimètres, pour l'enduit de mortier de pierre dont il faudra par la suite revêtir ce vase. Quand cette maçonnerie sera achevée, on la garantira de la pluie avec une toile ou avec des paillassons, et pour lui donner le temps de se sécher, on démontera le calibre, dont on se servira pour construire d'autres vases. Cette maçonnerie étant sèche et en état de recevoir son enduit, on l'humectera avec un pinceau d'une couche légère et fluide de chaux nouvellement fusée ;

ensuite on placera le calibre, dont on aura graissé le sabot, et en le tournant on enduira le vase avec un mortier liquide et composé d'un tiers de sable de terre, blanc et fin, d'un tiers de poudre de pierres dures et d'un tiers de poudre de chaux, qu'on aura également fait passer au tamis le plus fin. Ce vase se fera alors comme se font les corniches des appartements, et on le garantira des injures de l'air jusqu'à ce que le mortier d'enduit ait pris consistance. On fera ensuite limer les deux pouces de fer qui se trouveront excéder la tête du vase. C'est ainsi que j'en ai fait quatre de un mètre soixante centimètres de hauteur, et qui sont pleins : mais si l'on en veut faire de creux, alors il faudra que la barre de fer à laquelle s'attache le haut du calibre, se visse avec un bout de fer qui sera scellé dans le dé du vase, afin qu'on puisse ensuite la retirer : et je crois qu'il conviendrait d'enduire l'intérieur de ces vases avec de la maltha, ci-devant indiquée, page 17.

Si l'on veut faire des vases moyens et portatifs,

on fera tourner des ronds en pierre dure, de l'épaisseur de trois à six centimètres suivant la grandeur des vases, dans le milieu desquels on scellera une tringle de fer, dont le haut se terminera en pointe, et on les construira comme il vient d'être expliqué. Ces ronds en pierre dure formeront la base de ces vases, et procureront la facilité de pouvoir les manier et les sculpter, étant nouvellement faits, sans craindre de les écorner.

Si l'on veut faire de petits vases d'appartements, on établira un pivot, dont on se servira pour faire tourner une plate-forme sur laquelle on formera le vase au moyen d'un calibre que l'on aura fixé. J'en ai enduit de cette manière avec du mortier de pierre ou de marbre, après avoir fait le noyau des vases dans un moule avec du mortier de chaux et de sable de rivière.

Je crois avoir suffisamment expliqué les procédés dont j'ai fait des essais, en me conformant aux indications que j'ai trouvées dans les auteurs anciens. J'y joindrai quelques observations sur le plâtre, qui m'ont paru intéressantes.

On fait un si grand usage de cette matière dans les constructions, qu'il y a lieu de croire qu'on en pourra manquer par la suite. La nécessité de briser le gypse pour le faire cuire, en reduit en poudre une partie considérable, et qui ne sert à rien, puisqu'on ne peut la joindre avec le plâtre sans en altérer la qualité. Ces réflexions me déterminent à proposer le moyen d'employer cette poudre, que les plâtriers vendraient à la mesure, comme ils vendent le gypse cuit. Pour cet effet, on en mêlera exactement deux mesures quelconque avec une mesure de la chaux que j'ai indiquée page 34 ; on y ajoutera ensuite la quantité d'eau nécessaire pour que ces matières soient broyées comme du plâtre bon à employer, et on pourra s'en servir dans les constructions. Si l'on tamisait cette poudre, on ferait, en observant le même procédé, des enduits qui seraient d'un très-beau blanc. Ce mortier, qui se durcit plus promptement que les mortiers ordinaires, et qui ne rouille point le fer, peut résister plus que le plâtre aux injures de l'air, non-seulement parce qu'il est moins spongieux, mais encore parce qu'étant composé de gypse, qui ne fait point effervescence avec l'esprit de nitre, l'acide qui est répandu dans l'air doit moins le pénétrer et le dissoudre. J'ai cru devoir proposer ce procédé, parce qu'il est économique et que, d'ailleurs, mes essais me font espérer qu'on s'en servira utilement.

L'objet de mes recherches a été de faire connaître la manière de bâtir des anciens, qui était infiniment plus solide que la nôtre. Si la traduction que j'ai donnée des passages des auteurs qui en ont parlé, justifie les procédés de construction que j'ai indiqués, je ne doute pas que l'utilité qui doit en résulter pour nos fortifications, nos ports et nos édifices, ne détermine nos ingénieurs et nos architectes à les porter à leur perfection.

FIN.

TABLE DES MATIÈRES.

FIN DE LA TABLE.

Paris. — J.-B. GROS, imprimeur, rue des Noyers, 74.

www.ingramcontent.com/pod-product-compliance
Ingram Content Group UK Ltd.
Pitfield, Milton Keynes, MK11 3LW, UK
UKHW020305220726
13923UKWH00003B/1012

9 782019 279165